$V_{26}42$

C

23924

THÉORIE
DES COULEURS
ET DE LA VISION.

THEORIE

DES COULEURS

ET DE LA VISION,

Par M. G. PALMER.

TRADUIT DE L'ANGLAIS.

A PARIS,

Chez { PRAULT, Imprimeur du Roi, Quai de Gêvres.
{ PISSOT, Libraire, Quai des Augustins.

M. DCC. LXXVII.

Avec Approbation & Privilege du Roi.

APPROBATION.

J'ai lu par ordre de Monseigneur le Garde des Sceaux, un Manuscrit intitulé *Théorie des Couleurs & de la Vision*, & je n'y ai rien trouvé qui puisse en empêcher l'impression. A Paris ce 23 Mars 1777.

S A G E.

PRIVILEGE DU ROI.

LOUIS, PAR LA GRACE DE DIEU, ROI DE FRANCE ET DE NAVARRE: A nos amés & féaux Conseillers, les Gens tenant nos Cours de Parlement, Maître des Requêtes ordinaires de notre Hôtel, Grand Conseil, Prévôt de Paris, Baillifs, Sénéchaux, leurs Lieutenans Civils, & autres nos Justiciers qu'il appartiendra : SALUT, notre amé le SR PRAULT, pere, l'un de nos Imprimeurs-Libraires, Nous a fait exposer qu'il désireroit faire imprimer & donner au Public un Ouvrage intitulé, *Théorie des Couleurs & de la Vision*, par *M. G. PALMER*, *traduit de l'Anglois*, s'il Nous plaisoit lui accorder nos Lettres de Permission. A CES CAUSES, voulant favorablement traiter l'Exposant, Nous lui avons permis & permettons par ces Préfentes, de faire imprimer ledit Ouvrage autant de fois que bon lui femblera, & de le faire vendre & débiter par tout notre Royaume, pendant le tems de trois années confécutives, à compter du jour de la date des Préfentes. FAISONS défenfes à tous Imprimeurs, Libraires & autres perfonnes, de quelque qualité & condition qu'elles foient, d'en introduire d'impreffion étrangere dans aucun lieu de notre obéïffance : A LA CHARGE que ces Préfentes feront enrégiftrées tout au long fur les Regiftres de la Communauté des Imprimeurs & Libraires de Paris, dans trois mois de la date d'icelles ; que l'impreffion dudit Ouvrage fera faite dans notre Royaume & non ailleurs, en bon papier & beaux caracteres ; que l'Impétrant fe conformera en tout aux Réglemens de la Librairie, & notamment à celui du dix Avril mil fept cent vingt-cinq, à peine de déchéance de la préfente Permiffion ; qu'avant de l'expofer en vente, le manufcrit qui aura fervi de copie à l'impreffion dudit Ouvrage, fera remis dans le même état où l'approbation y aura été donnée, ès mains de notre très-cher & féal Chevalier Garde des Sceaux de France, le Sieur HUE DE MIROMÉNIL ; qu'il en fera enſuite remis deux Exemplaires dans notre Bibliotheque publique, un dans celle de notre Château du Louvre, un dans celle de notre très - cher & féal Chevalier Chancelier de France, le Sieur DE MAUPEOU, & un dans celle dudit Sieur HUE DE MIROMÉNIL; le tout à peine de nullité des Préſentes : DU CONTENU deſquelles vous MANDONS & enjoignons de faire jouir ledit Expoſant, & ſes ayans cauſes, pleinement & paiſiblement, ſans ſouffrir qu'il leur ſoit fait aucun trouble ou empêchement. VOULONS qu'à la copie des Préſentes, qui ſera imprimée tout au long, au commencement ou à la fin dudit Ouvrage, foi ſoit ajoutée comme à l'original. COMMANDONS premier notre Huiſſier ou Sergent ſur ce requis de faire pour l'exécution d'icelles, tous actes néceſſaires, ſans demander autre permiſſion, & nonobſtant clameur de haro, charte normande, & lettres à ce contraires : Car tel eſt notre plaiſir. DONNÉ à Paris le vingt-troiſieme jour d'Avril l'an de grace mil ſept cent ſoixante-dix-ſept, & de notre regne le troiſieme. Par le Roi en ſon Conſeil.

LEBEGUE.

Regiſtré ſur le Regiſtre X X de la Chambre

Royale & Syndicale des Libraires & Imprimeurs de Paris, N° 1001, Fol. 339, conformément au Réglement de 1723. A Paris ce 26 Avril 1777.

LAMBERT, Adjoint.

AVIS

DE L'ÉDITEUR.

Je m'empreſſe de donner aux Phyſiciens une Traduction de la Théorie des couleurs de M. Palmer, mon intime ami ; perſuadé que ſon ſyſtême trouvera des partiſans parmi les gens éclairés, & qui prennent la peine d'examiner. Ses raiſonnemens m'ont paru clairs & perſuaſifs, & ſes Expériences convaincantes.

À l'égard de cette Traduction, mon genre ordinaire d'occupation n'ayant rien de relatif à la Littérature, j'eſpere que les Lecteurs voudront bien me pardonner les défauts de ſtyle & les angliciſmes qu'ils pourront y rencontrer, d'autant plus qu'il s'agit ici d'un traité d'optique, & non d'un morceau d'éloquence.

A

Cette Traduction ayant été faite fur un manufcrit que l'Auteur me confia lors de mon féjour à Londres, & qui a fubi quelques changemens depuis, j'ai cru devoir inférer ici une partie de la Lettre que m'a écrite à ce fujet M. Palmer, pour me difculper des reproches que l'on aurait droit de me faire, & affurer les Lecteurs qu'ils ne perdent rien quant au contenu de la théorie & à la partie phyfique de ce Traité.

To M. . . . at Parts.

S Y R,

Since your departure from this town als y made fome alterations in the Work which you have tranflated; y give you notice of it. Thefe alterations being abfolutely of no confequence for the phi-lofophical parts of my Theory: you need not to mind them in the printing of your tranſlation, &c.

Y remain, S Y R,

Your friend,
G. PALMER.

London the 14th of January 1777.

TRADUCTION DE CETTE LETTRE.

MONSIEUR,

COMME depuis votre départ de cette Ville j'ai fait quelques changemens à l'Ouvrage que vous avez traduit, je vous en donne avis. Ces changemens n'étant d'aucune conſéquence par rapport à la partie philoſophique de ma théorie, il n'eſt pas néceſſaire que vous y ayez égard dans l'impreſſion de votre Traduction, &c.

Je ſuis, MONSIEUR,

Votre ami,
G. PALMER.

A 2

Nota. Le pied dont il est question dans cet Ouvrage, est le pied anglois qui est de huit lignes plus court que notre pied de roi. Ce pied est divisé en douze pouces, & chaque pouce en huit lignes; au moyen de quoi une ligne de ce pied répond à une ligne du nôtre, à très-peu de chose près.

THÉORIE

DES COULEURS

ET DE LA VISION.

DIALOGUE.

PALMER, JOHNSON.

JOHNSON.

Hé bien, M. Palmer, comment gouvernez-vous la lumiere ?

PALMER.

J'obſerve, j'analyſe & je conclus.

JOHNSON.

Toujours en faveur de votre ſyſtême ?

A 3

car je préfume que vous continuez de vous
en occuper.

PALMER.

Plus que jamais.

JOHNSON.

Vous avez fans doute de bonnes raifons
pour cela ?

PALMER.

Oui, très-bonnes ; je vous dirai même
plus : J'ai compofé un Traité, & je compte
le publier inceffamment.

JOHNSON.

Je fuis curieux de voir ce Traité ; voulez-
vous me le donner à lire ?

PALMER.

Très - volontiers ; je ferai plus : nous le
lirons enfemble , & nous répéterons les
Expériences.

JOHNSON.

Encore mieux. . ., Comme ceci n'eft pas
une affaire de pure politeffe entre nous,
je penfe, M. Palmer, que vous ne pren-
drez pas en mauvaife part les doutes qui
pourront me venir fur la folidité des raifonnemens que vous voulez bien foumettre
à mon jugement.

PALMER.

Au contraire : je veux que vous ſoyez
l'homme le plus difficile à convaincre.

JOHNSON.

Je le ferai , je vous aſſure , ſans cependant vous oppoſer cet entêtement ridicule
qui ſe refuſe aux démonſtrations les plus
évidentes , & qui n'eſt que le produit de
l'égoïſme & de la ſtupidité. Mais croyez-
vous trouver par-tout la même docilité ?
Je ſuppoſe vos raiſonnemens ſans réplique ,
vos preuves inconteſtables ; (permettez
ces obſervations à un ami) ne vous flattez
pas de détruire facilement des ſyſtêmes ac-
crédités par la durée & l'étendue de leur
empire , par la réputation de leurs Auteurs
dont le génie a étonné, ſubjugué leur ſiecle,
& ſéduit encore le nôtre , par le mérite
reconnu des Savans qui les ont adoptés ,
enfin par cette nonchalance naturelle aux
hommes qui ne leur permet pas d'examiner
ce qui s'oppoſe directement aux opinions re-
çues. Les expreſſions même, (car bien ſouvent
les petites choſes tiennent eſſentiellement aux
grandes) les expreſſions introduites par ces
ſyſtêmes , & faites pour les expliquer , ſe-

A 4

ront pour une infinité de gens des objec-
tions réelles contre le vôtre, & régneront
encore avec lui, s'il eft vainqueur. La ro-
tation de la terre, par exemple, eft bien
fuffifamment démontrée : cependant de nos
jours & dans toutes les Académies, on dit,
comme on difoit avant Galilée, le lever, le
coucher, la marche du Soleil, &c. L'on ne
fe familiarife point avec les expreffions
propres à faire comprendre que la terre
tourne, & que le foleil refte en place.

PALMER.

Oui, le peuple & les gens non-inftruits;
mais cela ne fait rien pour les favans.

JOHNSON.

Les vrais favans font par tout les mêmes &
toujours au-deffus des préjugés; mais cette
efpece d'hommes eft très-rare, & la majeure
partie de ceux qui s'arrogent ce titre, eft
compofée de gens qui ayant cultivé les
fciences d'une maniere très-fuperficielle
ou très-fervile, ne s'écartent plus des principes qu'ils ont reçus, par la raifon qu'ayant
appris ces principes par cœur, fans les analyfer, il leur eft impoffible de comprendre
les raifonnemens oppofés, lorfqu'ils forment

un contrafte trop grand avec ces principes.

Or , cette claffe d'hommes étant la plus
confidérable , l'Auteur doit y avoir égard ,
& choifir le langage & les moyens les plus
propres à le rendre intelligible.

Nous avons en métaphyfique , phyfique ,
aftronomie , chymie & médecine une infinité de fyftêmes qu'on regarde comme ob-
fcurs ou ridicules , qu'on ne lit point par
cette raifon , & dont les Auteurs nous ont
laiffé d'autres ouvrages très-eftimés & très-
eftimables. Je veux bien croire que plufieurs
de ces fyftêmes ont mérité l'oubli dans
lequel ils font tombés ; mais je fuis très-
perfuadé qu'il en eft dont le fort eût été
plus heureux fi le feu créateur qui animait
leurs Auteurs , leur eût permis de donner
plus d'attention à la valeur des expreffions
dont ils fe font fervis , & de prévoir que
le défaut de communication entr'eux &
leurs lecteurs enfevelirait dans l'obfcurité
des idées conçues avec toute la lucidité
poffible.

Il conviendrait donc qu'en écrivant fur
ces matieres l'Auteur enfeignât à fes Lecteurs la langue dont il s'eft fervi , & qu'il

adoptât préférablement les termes usités par les personnes pour lesquelles il écrit.

PALMER.

J'avais prévu cet inconvénient, c'est pourquoi je n'ai presque rien changé aux termes ordinaires; & quoique je n'admette aucune couleur, dans les corps, ni dans les rayons : je dis néanmoins, un corps rouge, bleu, &c. un rayon rouge, bleu, &c.

JOHNSON.

Je suis prêt à vous entendre.

PALMER.

Lisons. Théorie des Couleurs, & du méchanisme de la Vision, par, &c.

PRINCIPES.

1°. *La lumiere ne compórte aucune couleur.*

2°. *Chaque rayon de lumiere est composé seulement de trois autres : dont un est analogue au jaune, l'autre au rouge, & l'autre au bleu.*

3°. *Ces rayons sont dans des proportions différentes ; & les conservent exactement, malgré l'accroissement, ou l'affoiblissement de leur rayon principal.*

4°. *Les corps colorés absorbent les rayons analogues aux couleurs qu'ils nous présentent, & ne*

font apperçus que par les autres rayons qu'ils ré-
fléchiſſent

5°. Une ſurface blanche, réfléchiſſant toute
la lumiere, offre une négation abſolue de couleurs.

6°. Une ſurface compoſée de trois principes
colorans, dans une proportion & une intenſité
convenables, abſorbant ces trois rayons conformément au quatrieme principe, offre une négation abſolue de lumiere, & un noir parfait.

7°. Un ſeul de ces trois principes colorans peut
ſéparément approcher du noir, ſans changer de
nature, & abſorber ſes rayons qui ne lui ſont
pas analogues, lorſque ſon intenſité excede la
proportion de ſon propre rayon.

DE LA VISION.

PRINCIPES.

1°. La ſurface de la rétine eſt compoſée d'une
quantité infinie de molécules nerveuſes, de trois
eſpeces différentes, & ſuſceptibles d'être mues chacune par ſon rayon analogue.

2°. La motion complette & uniforme de ces
molécules produit la ſenſation du blanc; cette
motion eſt la plus fatiguante pour l'œil, & peut

*devenir assez forte pour blesser, & même détruire
son organisation.*

3°. *Le défaut absolu de motion de ces molécules, soit par l'interception de la lumiere,
soit par l'aspect d'un corps coloré en noir, produit la sensation d'obscurité, & cette sensation
est le repos de l'œil.*

4°. *Le motion de ces molécules, par des rayons
décomposés, soit par des surfaces colorées, ou
des réfractions prismatiques, produit les sensations
des couleurs.*

5°. *Toute motion uniforme de ces molécules,
par des rayons non-décomposés, mais seulement
plus ou moins affoiblis, depuis le blanc le plus
parfait jusqu'au noir, ne produit que des sensations de plus ou moins de blanc, & non des
sensations colorées.*

6°. *Ces molécules peuvent être mues par les
rayons qui ne leur sont pas analogues, lorsque
l'intensité de ces rayons excede leur proportion.*

7°. *Il est physiquement impossible de déterminer un noir absolu, & un blanc absolu, vu que
cela est relatif à l'organisation de l'œil. L'Aigle
qui fixe le soleil, doit voir en gris ce qui paraît
blanc aux autres animaux; & le chat qui voit
dans l'obscurité la plus parfaite pour nous, doit*

conséquemment voir blanc ce qui nous paraît encore gris.

JOHNSON.

Vos trois premiers principes font conformes à ceux de beaucoup d'autres, ainfi que la majeure partie de votre théorie de la vifion.

PALMER.

Je ne prétends pas non plus réformer tout ce qui a été dit fur cette matiere ; mais feulement produire un fyftême conforme aux expériences, & exempt de contradiction : & toute la bafe de mon fyftême eft contenue dans les quatre dermiers principes.

JOHNSON.

Il eft vrai que ces principes font diamétralement oppofés aux principes reçus, & je fuis impatient de voir comment vous les démontrez.

PALMER.

Vous allez le voir ; mais avant d'entamer une differtation quelconque, & de fe livrer à des expériences, je crois qu'il eft prudent, & même indifpenfable, d'examiner les inftrumens dont on fait ufage, & le méchanifme par lequel ils agiffent, pour ne pas donner à la matiere que l'on traite des qualités impropres , ou contradictoires , & afin d'expliquer des phénomenes qui font fouvent le réfultat de quelques incidents étrangers à la chofe.

C'est pourquoi nous allons préalablement faire une analyfe du prifme , avec une fuite d'Expériences auxquelles nous nous référerons au befoin.

Lorfque je commençai mon Traité , je crus, pour établir ce travail fur une bafe fixe , devoir déterminer la proportion des rayons colorans , très-perfuadé qu'une matiere auffi conftante dans fes mouvemens & dans fes effets que la lumiere , devait être affujettie à des loix géométriques ; mais quelle fut ma furprife lorfque portant le compas fur le fpectre que jufques-là j'avais regardé comme un tableau parfait des couleurs primitives , je ne vis plus qu'une confufion irréguliere & inconftante de ces couleurs , & fur laquelle je ne pouvais affeoir aucun raifonnement.

EXPÉRIENCE I.

J'approchai le fpectre du Prime depuis

la diftance de quinze pieds jufqu'à deux pouces.

Résultat.

Lorfque j'approchais beaucoup du Prifme, j'obtenais un quarré long, coloré fur les côtés feulement ; favoir rouge & jaune, un grand efpace blanc, & l'autre côté bleu & violet.

Ces couleurs s'étendaient en reculant le fpectre, & finalement fe perdaient, & fe confondaient les unes dans les autres, fans ordre, ni proportion.

Ne pouvant tirer aucun parti de cette méthode, je cherchai d'autres moyens de les obtenir.

Alors je m'apperçus promptement que les Auteurs qui avaient travaillé fur cette matiere, s'étaient contentés de prendre les rayons fortant du prifme ; mais ne s'étaient jamais occupés de la maniere dont ils y entrent ; car ils auraient vu :

1°. *Qu'un rayon de lumiere ifolé ou homogene, ne fouffre aucune décompofition dans le prifme.*

2°. *Que la lumiere doit être indifpenfablement réfractée & réfléchie d'une maniere inégale, avant de paſſer par le priſme, pour colorer le ſpectre.*

3°. Que les couleurs ſe réduiſent à trois exactement diſtinctes & ſéparées, & dans cet ordre jaune, rouge & bleu.

4°. Que le verd ne peut être produit que par le mélange du jaune & du bleu, & le concours de deux points de réfraction.

5°. Que le violet ne ſe forme jamais que dans l'ombre du corps réfractant, ou réfléchiſ-ſant, ſoit par la concurrence des rayons adja-cens rouge & bleu, ſoit par le commencement d'une nouvelle réfraction.

6°. Que la couleur aurore ne ſe forme jamais que par le mélange du rouge & du jaune, lorſque l'on écarte le ſpectre du priſme, & que les cou-leurs ſe fondent.

7°. Et enfin que toutes les fois que le rayon de lumiere ne ſera réfracté, ou réfléchi, que par un ſeul point, ou par une ligne parallele à l'axe du priſme, on n'obtiendra ni verd, ni violet, ni aurore.

JOHNSON.

Je vous entends. Voyons les expériences qui prouvent cela.

EXPÉRIENCE II.

Je couvre une des faces d'un priſme trian-
gulaire

gulaire de papier , & deffus une maifon
élevée , ou une des tours de Saint-Paul ,
je place le prifme de maniere que le côté
couvert foit deffous, & que les autres côtés
ne puiffent voir que le foleil & le ciel.

Résultat.

Si je place un fpectre à fix pouces du
prifme , je n'obtiens que l'ombre du prifme
colorée fur les bords, en rouge, & jaune
d'un côté ; & bleu , & violet de l'autre. Si
le prifme eft taché, ou nébuleux, à la furface , ou dans l'intérieur, ces objets fe
peignent dans l'ombre colorés fur leurs
bords auffi.

Si j'éloigne le fpectre , les couleurs s'é-
tendent, fe joignent, & fe mêlent, comme
dans l'Expérience premiere.

Expérience III.

Je place un prifme horifontalement à un
pouce d'une feuille de papier , & je place
enfuite l'œil à fix ou huit pouces au-deffus
du prifme.

je promene le prifme, dans la même fi-
tuation, pour obtenir les différens angles
de réfraction.

B

RÉSULTAT

De quelque couleur que foit la feuille de papier ; fi elle eft unie , je n'obtiens aucune réfraction prifmatique.

EXPÉRIENCE IV.

Sur cette feuille de papier , de quelque couleur qu'elle foit , je fais plufieurs traits de différentes couleurs ; & de la même, plus forte , & plus faible que celle de la feuille.

Je préfente le prifme comme dans l'Expérience précédente.

RÉSULTAT.

Toutes ces lignes colorées donnent des réfractions prifmatiques plus ou moins fenfibles.

Cette Expérience eft une des plus curieufes que l'on puiffe faire avec le prifme ; car elle donne plus de deux cens réfultats très-intéreffans; je ne la donne ici que fommairement , vu que cela me fuffit pour le préfent ; je la détaillerai plus amplement dans mon Traité fur les proportions géométriques des couleurs.

Applications.

Les Expériences précédentes prouvent
fuffifamment que les rayons homogenes &
ifolés ne fouffrent aucune décompofition,
en paffant par le prifme ; & qu'il faut indifpenfablement que ces rayons perdent
leur uniformité, par une réfraction, ou réflexion quelconque.

Or il n'eft pas étonnant que beaucoup
d'Auteurs aient varié fur les proportions
des couleurs du fpectre prifmatique, parce
qu'ils ont pris des rayons & des prifmes
plus ou moins larges ; & ces rayons ne
fe colorant que par les réfractions qu'ils
fubiffent fur les bords du trou, ou du prifme,
ils ont obtenu des couleurs plus ou moins
diftantes.

EXPÉRIENCE V.

Je prends une lame d'argent polie, de
fix pouces de long, & trois lignes de
large.

Je la découpe fur les bords, d'une maniere irréguliere, pour les diftinguer au
travers du prifme.

Je fufpends cette lame dans le milieu

d'une fenêtre ouverte, de maniere qu'elle foit éclairée par la lumiere du ciel.

Je place un prifme à fix pouces de cette lame, dans une pofition convenable, pour la voir par des rayons réfractés.

Je place l'œil enfuite à huit ou dix pouces du prifme.

Résultat.

Le bord de cette lame qui eft le plus près du prifme, paraît coloré très-diftinctement, en jaune & rouge ; & l'autre côté en bleu feulement.

Le corps de cette lame paraît coloré en violet : mais au moyen des marques que j'ai faites aux bords, je diftingue très-bien que ce violet ne commence que dans l'ombre de cette lame.

Expérience VI.

J'éloigne le prifme d'environ deux pieds de cette lame, en regardant toujours au travers.

Résultat.

A mefure que j'éloigne le prifme, le violet difparaît en fe rétréciffant ; le bleu s'étend du côté du rouge, & le joint, puis ensuite le colore en cramoisi, & le jaune en jaune verdâtre.

Si je continue d'éloigner le prisme, les couleurs s'affaiblissent, & disparaissent successivement, sans se mêler davantage, & sans produire de verd ni de violet.

EXPÉRIENCE VII.

Je replace le prisme à six pouces de cette lame, & je le rapproche par gradation jusqu'à six lignes.

RÉSULTAT.

A mesure que je rapproche le prisme, le violet disparaît, les autres couleurs se rapetissent ; & lorsqu'il est à la distance de six lignes, je ne vois plus que le corps de cette lame en noir, bordé d'un très-petit rayon jaune & rouge, & de l'autre côté bleu.

EXPÉRIENCE VIII.

Au lieu de cette lame, je place un cheveu brun ou noir contre la fenêtre, & tendu sur sa longueur pour le tenir droit.

Je place le prisme à six lignes dans la

pofition ordinaire, & l'œil à trois ou quatre pouces.

RÉSULTAT.

Je vois une bande d'environ une ligne & demie de large, compofée de trois rayons dans cet ordre, jaune, rouge & bleu.

Si j'éloigne le prifme, les couleurs s'affaibliffent & difparaiffent, fans produire la moindre teinte de verd, violet & d'aurore.

Applications.

Ces trois dernieres Expériences ne nous laiffent aucun doute fur l'inexiftence du violet, du verd & de l'aurore dans les rayons primitifs, & font d'autant plus décifives, qu'elles font toujours les mêmes, & qu'elles ne fubiffent aucune variation.

Nous allons maintenant procéder à obtenir ces couleurs d'une maniere oppofée.

EXPÉRIENCE IX.

Dans une chambre parfaitement obfcure, j'introduis un rayon de foleil, par le moyen d'un tuyau adapté au volet de croifée, & d'un miroir, ainfi que cela fe pratique ordinairement.

J'adapte au bout de ce tuyau qui donne dans la chambre, une lame d'argent très-mince attachée fur un cercle de carton, de maniere que le tout forme exactement le tuyau.

Avec un canif je fais une fente dans le milieu de cette lame, d'environ fix lignes de long, & aufli étroite qu'il foit poffible de l'obtenir, fans cependant intercepter la lumiere dans aucun point.

Je fais paffer un rayon de foleil par cette ligne, & à un pouce de diftance ; je lui préfente une des faces d'un prifme, fous un angle convenable pour la réfraction.

Au côté oppofé, je paffe un fpectre à fix pouces du prifme.

R E S U L T A T.

Le fpectre fe colore en rouge, jaune, bleu ; & au commencement de l'ombre, une barre d'un violet plus rouge que bleu.

Le bleu fe fent un peu dans les autres couleurs ; mais point affez pour changer leur nature.

E X P É R I E N C E X.

Je recule le fpectre jufqu'à trois pieds.

B 4

RÉSULTAT

A mesure que je recule, les couleurs s'é-
tendent & fondent; & à cette diftance le
fpectre eft coloré très - diftinctement, en
rouge, aurore, jaune, verd, bleu, violet,
dans des proportions différentes de celles
du fpectre Newtonien ; par la raifon que
je n'ai point l'efpace blanc de l'Expérience
premiere à remplir avant de joindre le bleu
& le jaune.

Application.

Ces Expériences confirmatives des principes que j'ai établis , prouvent auffi que
ce rayon de lumiere blanche qui paffe dans
le prifme Newtonien , ne fe colore point;
mais fe mêle avec les rayons colorés.

JOHNSON.

Quel effet produit-il alors ?

PALMER.

Je le taxe d'avoir induit tous les Phyfi-
ciens en erreur , en rendant les rayons
auxquels il fe joint fi réfrangibles , qu'ils
ne fouffrent plus de décompofition , foit
dans le prifme, foit à la furface des corps
colorés.

JOHNSON.

Tous les Auteurs font effectivement d'accord fur ce point.

PALMER.

Ils ont raifon ; car je n'ai jamais pu obtenir que de très-légeres décompofitions des rayons féparés du fpectre Newtonien, quelques tentatives que j'aie faites.

Mais je les obtiens aifément de mon fpectre, ainfi que vous l'allez voir.

EXPÉRIENCE XI.

Le prifme difpofé comme dans les Expériences ix & x, je place un carton blanc à quatre ou cinq pieds de diftance, pour recevoir les rayons colorés.

Je pratique dans ce carton un trou de trois lignes de diamètre, pour laiffer paffer fucceffivement chaque rayon.

Je place un prifme derriere ce carton à quatre pouces du trou pour recevoir le rayon dans une direction convenable, & je regarde dans le prifme.

RÉSULTAT.

Quelque rayon que j'introduife dans le

trou , je vois toujours les bords de ce trou colorés des couleurs de l'Iris plus ou moins chargées de la couleur du rayon introduit.

Si à la place de l'œil je mets un fpeâre , ce fpeâre fera coloré légérement de la même maniere.

EXPÉRIENCE XII.

Je place derriere le trou une lentille de verre dont le foyer eft à trois pouces ; je reçois ce foyer fur un prifme , & je pofe un fpeâre à huit ou dix pouces.

RÉSULTAT.

Le fpeâre fe colore alors d'une maniere plus diftinâe. (1)

Application.

Quoique ces Réfultats me donnent évi-

___

(1) Ces Expériences donnent des Réfultats fin-guliers, auxquels je ne puſs m'arrêter à préfent , vu qu'ils font trop étendus pour entrer dans une digreffion auffi fuccinte.

Je ne négligerai rien pour les publier fitôt que la faifon fera plus favorable pour faire des Expé-riences folaires.

demment le droit de croire que l'impossibilité de subdiviser les rayons du spectre
Ne x tonien est due à la concurrence de
cette lumiere blanche superflue, je ne veux
point conclure affirmativement sur ce
point, par la raison que je n'ai pas fait encore assez d'Expériences pour en être parfaitement convaincu; & que je ne donne des
conjectures, que lorsque j'ai épuisé toutes
les ressources géométriques & physiques.

JOHNSON.

Vraisemblablement vous dessinerez toutes
ces Expériences par figures, si votre inten-
tion est de les faire imprimer ?

PALMER.

Non pour le présent, par la raison que
je n'écris ceci que pour les Physiciens & les
personnes qui savent manier le prisme : c'est
pourquoi , je ne fais aucune mention de
quantité d'autres Expériences aussi convaincantes : j'aurais même supprimé totalement
de ce Traité cette dissertation sur le prisme,
si je n'eusse été obligé de démontrer que
la lumiere ne donne que trois couleurs.

JOHNSON.

J'en suis, comme vous, convaincu; ce

pendant bien des perfonnes vous objecte-
ront, que fi nous confultons la pure nature
dans l'arc-en-ciel, nous en verrons fept.

PALMER.

Nous en verrons plus de foixante, comme
dans le fpectre ordinaire , & dans le mien,
lorfqu'ils font éloignés fuffiamment du
prifme.

JOHNSON.

Cependant la nature ne doit pas s'égarer.

PALMER.

Non ; mais elle ne produit que des corps
compofés, & ne décrit que des lignes cour-
bes : devons-nous pour cela nous foumettre
à croire que le plus court chemin d'un point
à un autre , n'eft pas une ligne droite ? &
devons-nous prendre pour un corps fimple,
un végétal , ou un minéral , dont nous pou-
vons tirer très-groffiérement plufieurs fub-
ftances différentes ?

JOHNSON.

Non , certainement.

PALMER.

Je fuis même perfuadé que nous n'avons
jamais vu les couleurs primitives dans leur

état de pureté abſolu ; car n'ayant jamais obtenu , ni de la nature , ni de l'art , un principe abſolument ſimple , il eſt bien à préſumer que nos moyens ſont inſuffiſans, ou les principes inſéparables.

JOHNSON.

Ne vous ai-je pas entendu dire pluſieurs fois que vous autres Chymiſtes réduiſez les corps à leurs principes conſtitutifs , & que ces principes ne ſont plus ſuſceptibles de décompoſition ?

PALMER.

Oui, pour nous ; mais il ne s'enſuit pas qu'ils le ſoient d'une maniere phyſiquement abſolue.

Newton , Deſcartes , & leurs adhérens, ont fixé le terme d'indiviſibité des rayons colorés , à leur ſpectre ; néanmoins je les décompoſe.

JOHNSON.

Et ſans doute vous regardez cette dé-compoſition comme la derniere qu'ils puiſſent ſubir ?

PALMER.

Non, je vous aſſure. J'aurais pu , dans ma jeuneſſe, enthouſiaſmé du ſuccès de mes expériences, fixer aussi des termes aux découvertes prismatiques , & défier , avec effronterie , les Physiciens présens & à venir ; mais une suite d'années consumée dans les travaux , ne m'ont que trop appris qu'en cultivant les sciences abstraites , nous parcourons une carriere ténébreuse , dont le but nous est inconnu ; & lorsque le hasard ou nos propres lumieres nous portent quelque pas au-delà de l'espace parcouru par ceux qui nous ont précédés , ou l'égoïsme nous persuade que nous avons touché le but désiré , ou la raison nous éclaire sur l'impossibilité d'y atteindre.

Revenons à nos premiers principes ; comme nous les avons perdus de vue pendant cette digression, nous les relirons par articles , à mesure que nous ferons les Expériences.

JOHNSON.

Cela sera plus intelligible.

PALMER.

1. PRINCIPE.

La lumiere ne comporte aucune couleur.

JOHNSON.

Je vous dispense d'aucune expérience sur

ce Principe, parce qu'il eft déja reconnu en Phyfique, que les couleurs ne fe voient que par les fenfations produites par différens rayons fur la rétine.

PALMER.

2. PRINCIPE.

Chaque rayon de lumiere eft compofé feulement de trois autres, dont un eft analogue au jaune, l'autre au rouge, & l'autre au bleu.

Je crois ce Principe fuffifamment démontré par les opérations que nous venons de faire avec le prifme ; d'ailleurs la fuite de ce Traité le confirme.

3. PRINCIPE.

Ces rayons font dans des proportions différentes, & les confervent exactement, malgré l'accroiffement, ou l'affaibliffement de leur rayon principal.

JOHNSON.

Ce Principe peut encore fe paffer de démonftration, vu que tout le monde fait qu'un corps blanc, porté par gradation du jour le plus grand, à l'obfcurité la plus parfaite, ne fe colore d'aucune couleur fenfible.

PALMER.

4. PRINCIPE.

Les corps colorés abforbent les rayons analogues aux couleurs qu'ils nous préfentent, & ne font apperçus que par les autres rayons qu'ils réfléchiffent.

5. PRINCIPE.

Une furface blanche réfléchiffant tous les rayons, offre une négation abfolue de couleurs, & préfence abfolue de lumiere.

6. PRINCIPE.

Une furface compofée des trois Principes colorans, dans une proportion & une intenfité convenables, abforbant les trois rayons, conformément au quatrieme principe, offre une négation abfolue de lumiere, & un noir parfait.

JOHNSON.

Vous pouvez bien croire que, fur ces Principes, je ne vous ferai grace de rien.

PALMER.

Je ne vous en demande aucune.

EXPÉRIENCE XIII.

Voici un carton d'un pouce de large & deux pouces de long, divifé en huit parties:

j'ai

j'ai laiſſé une des parties blanche, & les
autres font, comme vou les voyez, peintes,
une en jaune, une en rouge, une en bleu,
une en aurore, une en verd, une en violet
& une en noir. Toutes ces couleurs, ex-
cepté le noir, font fortes, fans être obſcures.
Je nomme ce carton mon répertoire

J'introduis dans une chambre obſcure
un rayon de ſoleil, comme dans l'Expérience I x, & j'adapte fur le bout du tuyau,
un verre coloré en jaune; le plus foncé &
le plus pur poſſible ; à huit ou dix pouces
de ce verre, j'expoſe mon répertoire.

RESULTAT.

Le blanc paraît jaune.
Le jaune,   jaune.
Le rouge,   aurore.
Le bleu,   verd.
L'aurore,   aurore jaunâtre.
Le verd,   verd jaunâtre.
Le violet,   noir.
Le noir,   noir.

EXPÉRIENCE XIV.

Je ſubſtitue un verre rouge au verre jaune,
& je laiſſe le répertoire en place.

C

RESULTAT.

Le blanc,	rouge.
Le jaune,	aurore.
Le rouge,	rouge.
Le bleu,	violet.
L'aurore,	aurore rougeâtre.
Le verd,	noir.
Le violet,	violet rougeâtre.
Le noir,	noir.

EXPÉRIENCE XV.

Je substitue un verre bleu.

RESULTAT.

Le blanc,	bleu.
Le jaune,	verd.
Le bleu,	bleu.
L'aurore,	gris foncé.
Le verd,	verd bleuâtre.
Le violet,	violet bleuâtre.
Le noir,	noir.

Applications.

Si, suivant le système ordinaire, les corps colorés réfléchissent le rayon analogue à leur couleur, & absorbent les autres, & que le verre ne transmette que le rayon de sa couleur, & réfléchisse les autres,

il devrait arriver que lorfque je porte un
rayon rouge fur un corps bleu, le verre
ne tranfmettant point de rayons bleus, &
le bleu abforbant les rouges, je voie ce
bleu en noir, ainfi que le jaune. Cepen‑
dant ce bleu me paraît auffi violet, qu'un
violet compofé de bleu & de rouge ordi‑
naire, & le jaune aurore. Mais, fi, con‑
formément à mon quatrieme Principe, les
corps colorés abforbent les rayons ana‑
logues à leur couleur, & réfléchiffent les au‑
tres, le verre coloré détruit un rayon, &
en tranfmet deux.

Ainfi un verre rouge me tranfmet le jaune
& le bleu.

Et lorfque je porte la lumiere fur un corps
bleu, ce corps abforbant le rayon bleu,
& me renvoyant feulement le rayon jaune,
excite dans mon œil la fenfation du bleu
& du rouge, par le repos des molécules
de la rétine analogues à ces deux rayons.

Si, en abforbant le rayon jaune, je n'ex‑
cite plus aucune motion de ces molécules,
je produirai le noir.

C'eft ce qui arrive lorfque je porte le
rayon rouge fur un corps verd, parce qu'a‑

lors le verre ayant souftrait un des trois rayons, & le corps coloré ayant abforbé les deux autres, je ne puis phyfiquement obtenir aucune réfraction lumineufe.

Que l'on analyfe ces trois expériences de toute maniere, & qu'on les multiplie, fi on veut, en fe fervant de verres colorés en verd, en aurore & en violet, ou en regardant le répertoire à travers des verres colorés, on les trouvera toujours conformes au quatrieme Principe, & toujours inexplicables par le fyftême ordinaire.

Car toutes les fois qu'une des trois couleurs primitives fera éclairée par un rayon d'une autre couleur primitive, le réfultat fera une couleur mixte très-diftincte.

Et toutes les fois que deux couleurs primitives, jointes enfemble, feront éclairées par un rayon de la troifieme:

Ou qu'une couleur primitive feule fera éclairée par un rayon coloré des deux autres, le réfultat fera du noir ou du gris.

J O H N S O N.

Pourquoi du gris ?

P A L M E R.

Parce que dans toutes ces expériences il

peut s'introduire des parties de lumiere blanche non décomposée, tant par la faiblesse des couleurs que l'on emploie, que par celle des verres; & cette lumiere blanche, mêlée au noir de l'opération, fait le gris.

EXPÉRIENCE XVI.

Je présente successivement à chacun des verres des Expériences précédentes, une lentille de trois ou quatre pouces de foyer; je porte ce foyer sur un papier blanc que j'avance & recule pour aggrandir ou diminuer le foyer.

RÉSULTAT.

La couleur du rayon ne devient pas plus forte, quoique je rappetisse le foyer; & lorsqu'il est le plus petit possible, je ne vois plus qu'un point d'une lumiere très-vive, légèrement coloré de la couleur du verre.

Cette Expérience peut se faire avec les rayons séparés du spectre prismatique, & donne les mêmes résultats.

Application.

Si le rayon qui passe par le verre, ou par

C 3

le trou du carton du fpectre, était le vrai rayon de la couleur qu'il préfente, l'intenfité de fa couleur augmenterait avec la fienne, & le foyer ferait exceffivement coloré, puifqu'il ferait un affemblage de points colorans.

Mais, comme la couleur de ce rayon n'eft vue que par fon abfence, & le repos des molécules analogues, il eft conftant que quelqu'intenfité que je donne aux autres rayons qui me le font voir, je ne peux pas le rendree plus abfent, ni conféquemment voir fa couleur plus foncée; & lorfque ces autres rayons ont acquis par leur intenfité un degré de force confidérable, ils agiffent alors fur les molécules analogues au rayon abfent; (ainfi que je l'ai avancé à l'art. 6 de la vifion) & détruifent une partie de leur repos d'une maniere très-fatiguante pour l'organe; car l'œil fupporte plus volontiers un foyer de lumiere toute blanche, quoique plus vif, que bien des foyers de cette nature.

EXPÉRIENCE XVII.

Je teins un morceau de drap blanc, en bleu foncé avec l'indigo.

EXPÉRIENCE XVIII.

Je prends un morceau de ce drap & un autre de drap blanc, & je les teins tous les deux par les procédés connus avec la cochenille.

RESULTAT.

Le drap bleu devient pourpre foncé, & le blanc rouge cramoifi.

EXPÉRIENCE XIX.

Je prends un morceau du drap pourpre, & un blanc, & je les teins de la maniere ordinaire, dans une teinture jaune de Gaude.

RESULTAT.

Le drap pourpre devient noir, & le drap blanc jaune citron.

Application.

Cette Expérience déja contenue dans les précédentes, & rendue plus fenfible de cette maniere, doit décider l'ancien fyftême & le mien.

Si chacune de ces couleurs a réfléchi fon propre rayon, il faut indifpenfablement convenir *QU'A FORCE DE LUMIERE NOUS AVONS PRODUIT L'OBSCURITÉ*.

C 4

Mais fi chacune de ces couleurs abforbe fon rayon, il n'est pas étonnant qu'uayant successivement absorbé les trois rayons qui composent la lumiere, nous ayons produit l'obscurité.

Expérience XX.

Je plonge ce morceau de drap noir dans du vinaigre chaud.

Résultat.

Cet acide, détruifant la couleur jaune feulement, le drap redevient violet.

Expérience XXI.

Je plonge ce drap violet dans une liqueur compofée d'eau & d'huile de vitriol.

Résultat.

Cet acide, détruifant le rouge de la cochenille feulement, le drap redevient bleu.

Application.

Cette Expérience, inverfe de la précédente, nous prouve que la deftruction des parties colorantes produit le blanc ; que ces couleurs exiftaient en nature dans le noir, & que ce noir n'était pas produit

par une altération chymique de leurs fub-
ftances.

JOHNSON.

Mais n'eft-il pas poffible que ces particules colorantes, s'appliquant les unes fur
les autres, perdent leur qualité réfléchif-
fante ?

PALMER.

Non. Et je prouverai dans mon Traité
chymique des Teintures, que les particules
colorantes ne s'appliquent prefque point,
& j'ofe même dire jamais, l'une fur l'autre.

Mais en fuppofant que cela fût ; pourquoi ces couleurs prifes deux à deux ne fe
font-elles aucun tort ? & que deviennent les
efpaces blancs du violet ; car vous favez
qu'un point coloré eft toujours accompa-
gné de plus ou moins de blanc ; ces points
blancs devraient fe teindre en jaune vifible?

JOHNSON.

Et fuivant votre principe, que deviennent ces points blancs ?

PALMER.

Les points blancs laiffés par le bleu, &
qui ne réfléchiffent que le rouge & le jaune,

font en partie couverts de rouge à la fe-
conde teinture; & ce qui en refte, fe trou-
vant prefque teint en jaune à la troifieme
teinture, le drap ne réfléchit plus que très-
peu de lumiere; & c'eft à la faveur de ce
peu de lumiere, que l'on diftingue les couleurs dominantes dans le noir, & qu'on
dit un noir bleu, un noir rouge, &c.

JOHNSON.

Le noir fe teint ordinairement avec une
teinture déja noire.

PALMER.

Par la raifon qu'il eft plus facile, & beaucoup moins cher.

On le teint néanmoins fur bleu pour les
laines, parce que cette couleur eft la plus
fombre; & cette premiere teinture couvrant
déja une grande quantité des points de la
furface des parties colorantes très-folides,
la détérioration des particules noires, que
l'on y ajoute, eft beaucoup moins fenfible
lorfque, par l'ufage, ces particules quittent
l'étoffe, faute de ténacité.

JOHNSON.

Je vous entends fort bien, & je commence à vous croire : mais il vous reste encore bien des choses à expliquer.

Par exemple, la réunion des rayons du spectre, au moyen de la lentille, produit le blanc.

Si, selon vous, chaque couleur est vue par la privation de son propre rayon, ces privations réunies doivent produire une privation totale.

PALMER.

Certainement ; mais, comme chacune de ces couleurs est vue par la présence de deux autres rayons, cette reunion de présences forme une présence totale qui efface cette privation.

Et si, par l'interception d'un des rayons, je détruis l'uniformité de leur action, j'obtiens une sensation colorée.

C'est pour cette raison qu'une couleur composée par deux rayons colorés, est moins forte que chacun des deux rayons séparés.

Ainsi que nous allons le voir avec les verres des Expériences XIII, XIV & XV.

EXPÉRIENCE XXII.

Je place ces verres chacun sur un tuyau

près l'un de l'autre, & je reçois sur un carton le rayon bleu & le rouge ensemble.

RÉSULTAT.

J'obtiens un violet sensiblement plus clair
que chacune des deux autres couleurs.

Explication.

Le verre bleu laisse passer un rayon jaune,
& un rouge.

Le verre rouge, un jaune & un bleu ;
au moyen de quoi la lumiere, qui est portée
sur le carton, est composée de quatre rayons,
savoir, un rouge, un bleu & deux jaunes.

Un des rayons jaunes, combiné avec les
deux autres rouge & bleu, produit de la lumiere blanche, & le rayon jaune excédent
donne la sensation du violet, & ce violet
est naturellement faible par ce qu'il est ac-
compagné de beaucoup de lumiere blanche.

EXPÉRIENCE XXIII.

Si, à ce rayon jaune excédent, je pro-
cure un autre rayon bleu, & un rouge en
découvrant le verre jaune.

RÉSULTAT.

J'obtiens une sensation de lumiere blanche.

Application.

Quoique cette lumiere paraisse blanche, elle l'est cependant moins qu'une lumiere pure transmise par des verres blancs ; par la raison que chaque verre ayant intercepté un rayon, & transmis deux, cette lumiere est composée de deux tiers de rayons & un tiers d'ombre.

La même chose arrive lors de la réunion des rayons prismatiques par une lentille : ce foyer est moins blanc que celui du même rayon avant sa réfraction dans le prisme, à quelque distance qu'on le prenne ; cela ne vient pas de ce que la lumiere a été divisée en rayons colorés, mais de ce que le prisme réfléchit une quantité assez forte de lumiere à sa surface ; & le défaut de cette lumiere dans les rayons transmis au spectre, occasionne cette différence dans les foyers.

EXPÉRIENCE XXIV.

J'introduis un rayon de soleil dans un tuyau ; sur ce tuyau je place un verre rouge, & sur ce verre rouge un bleu.

RÉSULTAT.

J'obtiens sur le carton blanc un violet

bien plus fombre que le rouge ou le bleu feuls.

EXPÉRIENCE XXV.

Sur ces deux verres je place un jaune.

RÉSULTAT.

Si les verres font bien colorés, & d'une couleur forte, je n'ai plus de lumiere.

Mais s'ils font mal colorés, ou fans proportion, j'obtiens une très-faible lumiere, légérement colorée d'une ou de deux des couleurs excédentes des verres.

Application.

Le violet de l'Expérience xxiv doit être néceffairement plus foncé, parce que le verre rouge tranfmettant deux rayons, & le verre bleu en interceptant un, le carton ne porte à l'œil qu'un feul rayon ; & ce rayon intercepté par un troifieme verre, le carton n'en reçoit plus.

JOHNSON.

J'ai une obfervation à faire fur ces verres colorés : ils tranfmettent, dites-vous, deux rayons, & en abforbent un.

Si cela eft ainfi, lorfque je pofe un de ces verres fur un papier blanc, il doit me paraître d'une couleur toute différente que lorſque je regarde au travers. Cependant il me paraî le la même couleur, bien plus ſombre, à la vérité.

P A L M E R.

Suivant bien des Auteurs cela devrait être; car beaucoup ont dit : Un verre rouge *tranſmet* le rayon rouge, & *réfléchit* les autres ; d'où il s'enſuit qu'un verre rouge devrait paraître verd; un verre bleu, aurore; & un verre jaune, violet. Cela ne s'eſt cependant jamais vu.

Mais, ſuivant mon principe, je vous dis qu'il *abſorbe* & détruit un rayon, & en *tranſmet* deux ; au moyen de quoi, ſi vous regardez à travers, vous recevez un rayon de lumiere forte qui vous paraît colorée par l'abſence du rayon abſorbé.

Lorſque vous regardez pàr-deſſus, vous ne recevez plus que très - peu de lumiere réfléchie, par la raiſon que c'eſt un corps transparent ; & cette lumiere, également privée du rayon abſorbé, vous donnera une ſenſation très-obſcure de cette couleur.

Si vous placez ce verre ſur un corps blanc, cette ſenſation ſera plus vive, parce qu'alors ce corps vous renvoie à travers le verre une partie des rayons tranfmis.

Cette variation d'intenſité de couleur dépend auſſi beaucoup des angles qui forment la ſurface de ces verres avec les rayons viſuels & les rayons qui les éclairent.

JOHNSON.

Nous avons cependant l'expérience de la feuille d'or, qui réfléchit les rayons jaunes, & tranſmet les rayons verds.

PALMER.

Lorſque l'on a cité cette Expérience, comme elle venait à l'appui du ſyſtême reçu, on n'a eu aucun motif de la regarder comme douteuſe, & on l'a admiſe ſans autre examen, ainſi que bien d'autres.

Cette feuille d'or eſt un corps opaque & poreux; & pour y faire paſſer la lumiere, on la réduit à ſon plus grand degré de minceur mécaniquement poſſible, & il eſt alors deux mille quatre cens fois plus mince qu'un verre verd, qui tranſmettrait autant de lumiere.

Or, peut-on ſenſément croire que l'on a rendu ce corps tranſparent?

On

On en a fait un crible dont les trous laiffent paffer la lumiere.

Ce crible étant donc éclairé d'un rayon de lumiere, les parties folides réfléchiffent comme de coutume en jaune.

Mais les rayons qui paffent par les trous fubiffent tout à la fois une réflexion, une réfraction, & un affaibliffement confidérable; & comme la réfraction bleue eft la plus perceptible dans une lumiere affaiblie, les rayons réfractés, joints aux rayons réfléchis par les bords des trous, donnent le verd.

Quoique cette Expérience ne foit d'aucune conféquence dans la differtation actuelle, j'ai cru devoir l'analyfer pour prouver combien il faut être exact dans fes travaux, & quelle connaiffance il faut avoir des matieres que l'on emploie, ainfi que du méchanifme des opérations.

Nous allons terminer cette differtation par une Expérience de cette nature, & qui, faute d'examen, a fait loi de tout tems dans l'Optique.

EXPÉRIENCE XXVI.

Je prends trois crayons de paftel, un bleu, un rouge, & un jaune, tous trois au même

D

degré de teinte, autant que l'œil peut en juger.

Je les réduis en poudre très-fine.

Je prends neuf parties de bleu & huit de rouge, & les mêle le plus exactement possible.

RESULTAT.

Le mélange est violet.

EXPÉRIENCE XXVII.

J'ajoute à ce mélange sept parties de jaune.

RESULTAT.

Le mélange devient gris.

JOHNSON.

Pourquoi gris, & non pas noir comme le morceau de drap ?

PALMER.

Parce qu'avec chaque couleur j'introduis dans le mélange ces parties blanches qui la rendent visible ; & comme elles ne se détruisent point, elles forment ce gris, en portant à l'œil des rayons affaiblis d'une maniere uniforme, par le mélange des trois couleurs primitives.

Lorsque les auteurs & sectateurs de l'an-

cien fyftême ont voulu prouver la com-
pofition du blanc par la réunion des cou-
leursprimitives, ils ont mêlangé du cinabre,
du verd-de-gris, du pourpre, du bleu de
Montagne, & quelques autres couleurs
claires : ce mêlange a produit un gris affez
léger ; mais, comme la caufe de ce gris
eft abfolument inexplicable par leurs principes, & qu'ils étaient cependant obligés
d'adapter cette expérience à leur fyftême,
ils ont reculé dix-huit pieds pour voir cette
poudre grife ; & ne la diftinguant plus à
cette diftance d'avec un papier blanc, ils
ont conclu que ce mêlange produifait le
blanc.

JOHNSON.

Avaient-ils tort, ayant l'évidence pour
eux ?

PALMER.

Je ne prétends pas dire qu'ils avaient
tort de voir blanc, puifque je le vois de
même, ni de croire que cette expérience
confirmait leur fyftême.

Mais, comme d'après mon opinion, je
ne puis me prêter à voir blanc ce qui eft
noir, fans favoir pourquoi, j'ai cru devoir
y regarder de plus près.

EXPÉRIENCE XXVIII.

Je compose un gris par le mélange de plusieurs couleurs, ainsi que le prescrivent les Auteurs.

Je compose un pareil gris par le mélange du noir & du blanc en poudre.

Je prends une feuille de papier de Musique, & une feuille de papier blanc.

J'étale mes poudres grises sur deux différens cartons, & les place sur le plancher avec les deux feuilles de papier.

Je les mets dans une position convenable pour être éclairés par la fenêtre sous un angle de vingt à trente degrés.

Je recule de l'autre côté jusqu'à dix - huit pieds.

RÉSULTAT.

Je ne distingue que très-difficilement les trois-feuilles colorées d'avec la feuille blanche ; & toute personne, non-prévenue, ne les distingue point du tout.

EXPÉRIENCE XXIX.

Je rapproche mes quatre feuilles de la fenêtre, de maniere qu'elles soient éclairées sous un angle de plus de soixante degrés.

Je recule dix-huit pieds.

RÉSULTAT.

Je diftingue très-bien mes trois feuilles de la quatrieme , & toute autre perfonne auffi.

EXPÉRIENCE XXX.

Je porte mes quatre feuilles à dix-huit pieds de la fenêtre , & je reviens contre la fenêtre.

RÉSULTAT.

Je diftingue encore mieux mes feuilles.

Explications.

Lorfque j'éclaire mes feuilles fous un angle d'environ trente degrés , & que je les vois fous un angle de quinze , comme dans la vingt-huitieme Expérience , les rayons portés à mon œil font compofés d'une grande quantité de lumiere réfractée par ces furfaces , qui , conféquemment , n'a fubi aucune décompofition , & d'une petite quantité de rayons réfléchis , qui ont fubi une décompofition aux furfaces colorées. Cette décompofition , n'étant qu'une altération uniforme , & fort peu confidérable , devient prefqu'imperceptible , & fur-tout à cette diftance où les rayons fe confondent beau-coup.

Si cette décompofition eft opérée par une furface colorée d'une ou deux couleurs primitives, alors, n'étant plus uniforme, elle devient plus perceptible ; néanmoins il faut que la couleur foit forte pour don-ner une fenfation colorée à cette diftance; autrement, on la confond auffi avec le blanc.

Lorfque dans la vingt - huitieme Expé-rience j'aggrandis l'angle des rayons éclai-rans, je diminue dans mon œil la quantité des rayons réfractés, & j'augmente celle des rayons réfléchis, d'où il arrive que la fenfation devient plus diftincte.

Et lorfque dans la vingt-neuvieme Ex-périence je ne vois plus mes feuilles que par des rayons réfléchis, cette fenfation devient encore plus perceptible.

Vous voyez que les Auteurs de cette Expérience ont attribué à la matiere qu'ils ont traitée ce qui n'était que le produit de leur maniere d'opérer. La Phyfique eft pleine de faits de cette nature, & cela ne peut guere être autrement dans une fcience auffi conjecturale.

Nous terminerons ici cette premiere diſ-
fertation, & dans la ſuivante nous traiterons
le ſeptieme Principe, vu que cet article
ſeul exige un travail particulier.

Là nous examinerons les proportions
géométriques des trois couleurs, tant dans
le ſpectre, que dans les ſurfaces colorées.

Leur analogie avec les rayons qui com-
poſent la lumiere, & leur action.

Leur intenſité abſolue, & leur intenſité
relative.

Leurs accroiſſemens, & dégradations, &c.

JOHNSON.

Tout cela eſt fort bien. Mais il me vient
une réflexion. Si votre ſyſtême eſt vrai,
& bien démontré, il faut donc croire que
les anciens Auteurs ont déraiſonné, &,
conſéquemment, en faire peu de cas?

PALMER.

Je vous vois avec peine imbu d'un ſen-
timent qui malheureuſement n'eſt que trop
général.

Quoi! le premier qui traverſa les mers,
quoique ſouvent égaré, ne fit-il pas plus
que tous ceux qui l'ont ſuivi?

De même ces génies ſupérieurs en ouvrant

les routes, nous ont fourni les moyens de les parcourir ; peut-être fans eux ramperions-nous encore dans l'ignorance & l'obſcurité : mais l'égoïſme, en nous perſuadant que nous euſſions comme eux fait ſes découvertes, inſulte à leurs erreurs, & nous fouſtrait à la reconnaiſſance.

Sans admettre le ſyſtême de ces Auteurs, comme des loix immuables, ſans reſpecter leurs opinions au point de n'oſer les combattre, conſervons-leur le titre glorieux de créateurs, & la vénération immortelle qu'il aſſure à leurs noms.

ERRATA.

PAGE 14, ligne 24, *prime*, liſez *priſme*.

Page 23, ligne 4, *forme*, liſez *ferme*.

Pape 29, ligne 15, *d'indiviſibité*, liſez *d'in-diviſibilité*.

Page 39, ligne 19, *décider l'ancien*, liſez *décider entre l'ancien*.

Page 48, ligne 4, *qui*, liſez *que*.